欧式典藏系列

EUROPEAN

European Clubs

欧式会所
CLASSIC

解 读 经 典 品 味 欧 式

中 国 林 业 出 版 社
China Forestry Publishing House

Contents 目录

江畔会所
River Club

设计单位：哈尔滨唯美源装饰设计有限公司　　设计师：辛明雨

项目地点：黑龙江省哈尔滨市

项目面积：510 平方米

主要材料：科勒卫浴、ICC 陶瓷

哈尔滨这座城市是在东西方文化交汇中发展起来的，很早就有中华巴洛克风格的存在，本案的设计想在这种文化交融中寻找一种对于哈尔滨独特的文化味道。

结合中华巴洛克建筑风格，寻找哈尔滨的民国味道。

利用原有建筑错层，以中间八角餐厅为中心点想四中分散布局。

将现有材料重新分割后，以风格的形式进行拼装。

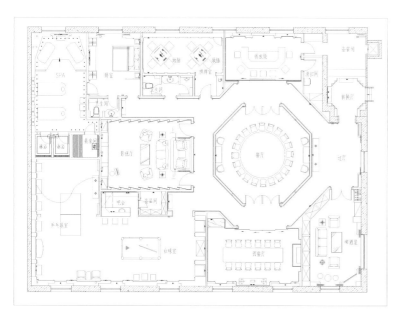

四层平面布置图

私人会所
Private club
吉林省轩合空间设计事务所 | 设计师：陈轩

项目地点：吉林省伊通

项目面积：2600 平方米

主要材料：科勒、TOTO、汉斯格雅、原木、
　　　　　马赛克、理石

本设计倡导绿色、自然、人文的设计理念，借用中国传统形式布局，呈现一种对称的视觉空间，形成了气与秀，灵与透的韵味。

整个方案融合了现代舒适的人性化精神并结合智能科技产品充分实现了本案生态仓的设计理念。

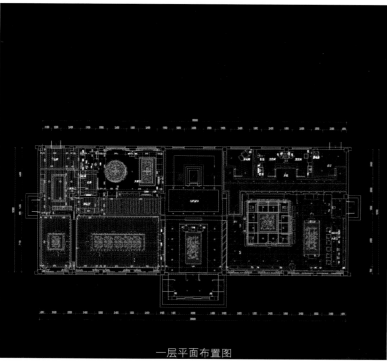

一层平面布置图

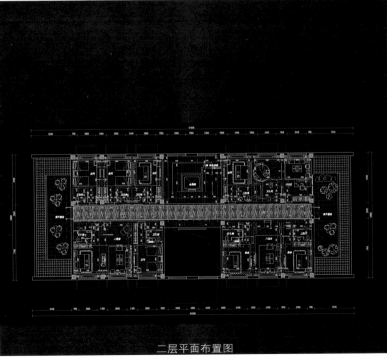

二层平面布置图

远雄水岸秀墅会所
Farglory club house

设计单位：上海可续建筑咨询有限公司　　设计师：福田裕理

案例名称：苏州远雄水岸秀墅会所

项目地点：江苏省苏州市

项目面积：1300 平方米

主要材料：凤尾钻花岗岩、大西洋彩玉、
黑白地砖、各色人造石、黑钛 /
古铜拉丝不锈钢、灰镜 / 艺术明镜、
彩色玻璃、烤漆玻璃、块毯、
仿木贴皮、织物软包、拼花马赛克

代表着江南水乡历史与文化的古都苏州，比邻石湖景区的绝佳立地内，本案会所就隐身在此。会所设定的客层从熟识苏州文化的本地人，乃至钟情于中国文化的境外人士，我们期望来访者在国际化的价值观中重新审视苏州文化，设计理念希望把苏州的艳丽美景融入素朴的室内设计，成功的关键就在于光线的运用。

会所从酒店的大堂进入，黑色抛光的大理石地面、波浪般的纹路像似导引客人，尽头的水晶吊灯连接螺旋阶梯，将动线引入地下空间的会所。顺着楼梯拾级而下眼前豁然开朗，白色大理石墙的沙龙区背后，是一池隐喻青花瓷青葱牡丹图案的马赛克泳池，再望后

眺望则是光线明亮、绿绿葱葱的下沉式花园，空间层次丰富且多彩。泳池水面泛着自然光将室内沙龙区打亮，让人完全不觉得深处地下，保有空间私密性的同时又兼具开放感！

整体会所的设计，在简洁的空间布局中蕴藏着张扬的材质，素朴中隐透的艳丽，这就是视觉对比的苏式空间特色！色彩对比运用的手法延续至空间内部，洗手间墙面为泼墨山水般的花纹石材与花格印刷玻璃的对比，健身房墙面由彩色的玻璃重叠交织而成。

为了能更好发挥自然光的效果，室内装饰尽量明亮简洁，藉由强烈的造型和对比的色彩来表现空间的质感，细部强调亮面不锈钢把手或镜面的反射等质感，冲击的绿色及紫色的丝绸引出光泽感。大理石地面的人字拼贴象征苏州园林的青砖，利用黑、白色砖做斜拼效果，具有将空间放大的效果，门板也是使用大胆的线条来延伸视线，对称配置的发光柱列强调空间轴线，种种设计手法都是为了将空间的视觉感扩大。

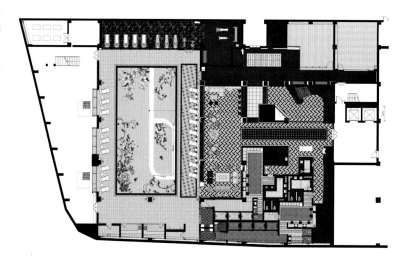

一层平面布置图

美的君兰国际高尔夫俱乐部会所
MIDEA JUNLAN International Golf Club
设计师：黄志达

项目地点：广东省顺德市

项目面积：18000 平方米

主要材料：环球石材

君兰国际高尔夫俱乐部，是一家只对会员开放的顶级私人高尔夫俱乐部。该项目位于顺德北滘君兰国际高尔夫生活村新九洞球场内，顺地势而起，与高尔夫球场绿茵完美结合为一体。

作为建筑的一部分，高尔夫展馆、出发厅及专卖店是整个项目的点睛之笔，我们结合建筑与整体室内对部分空间进行再设计，让空间形象与建筑的高端调性相成一致。

项目所在的北滘镇，一侧为天然水道，自然环境优美，加之项目内文化底蕴十足的高尔夫展馆，更多体现出高球文化及浑厚的历史氛围。因此，我们通过

各种复古奢华又玄妙的室内布局，在布满石头的墙壁，贵气十足的木门，充满历史感的陈设，为尊贵的会员提供了一条斑斓的时空隧道，由此可通往十九世纪的欧洲，间隙又回到现实，让人沉漫其中，仿佛走进梦境。

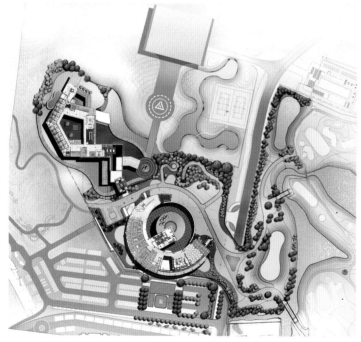

一层平面布置图

在出发厅及专卖店的空间设计上，我们希望将会所整体的建筑设计风格融入其中。出发厅仿树枝状的柱子设计，很好的隐藏了柱体的突兀，充分将自然的元素进行融合，使能整个空间自然清新。原木色的墙身造型，原生态的圆石点缀其中，再配以高贵、清爽的家私，让人有一种融入自然的尊贵。天花上的一个个大小呼应的圆环造型，即是自然的延续，也是寓意美的 LOGO 的引申。

· 设计概念与整体建筑息息相关

· 运用适当透明度平衡光线

· 天然与人造元素的精心配合

整个空间采用贯通的手法，设计风格延续此前的总统套房的建筑语言，简洁统一，满足高端客户的生活质量要求。尤其是在总统套房这个空间的功能策划上，由于紧邻高尔夫球场，我们将周边恬静雅致的居住环境借景到室内，给居者一种世外桃源般的享受。

空间中通过木饰面和石材来进行穿插组合，增添空间的灵动与雅致情趣，入口左手边用粗犷的青石为材料，通过分割处理，增强楼梯的通透感；右手边两层高的石材背景，尽显大气之美。

整个色调上以米白色为主，运用自然的木饰面和石材，在暖光的氛围下，映射出空间的光影与视觉效果；在家私的选型上多以提炼的直线与曲线混搭，赋予其高质量的灰色绒布面料，体现其尊贵感，另配有巧妙的挂件来丰富空间的层次及趣味，让人生在其中享受的是一种异样的空间感受。

我们通过设计完美融合了高尔夫文化和周边自然环境，让会所气质得以升华。对每一个热爱高尔夫运动的人来说，这里绝不仅仅意味着在挥杆之间、感悟力量、技巧和智慧的乐趣，也是一场美妙的设计体验之旅。

世纪之光会所
Century of Light Club

软装／□□□□□艺空装□□□□有限公司　设计师：赖建安

项目地点：上海市闵行区

项目面积：1500 平方米

主要材料：大理石、定制烤漆板、
　　　　　不锈钢、压克力

在设计趋向于商业化的大市场环境下，设计环境的最优化，是为达到设计者自身理念的完美表达，还是基于设计委托者的意愿，制造出满足空间用户心理需求的活动场所？换言之，为五斗米折腰做设计，是随波逐流卖上好价钱，或在权衡利弊之余能保有设计初衷？

本案以"乱序中的奢华"为设计灵感，让色彩与材质在同一空间达到极限的堆栈，光影交错之中将空间气氛渲染开来，并使其不失统一调性；打破现有格局，琳琅满目中寻求变化，可谓变则通，通则久。

以商务会所太阳的光为出发点，与错落有致的放射状镀钛钢顶面连接为一体，同时与地面石材拼花交相呼应，形成怪诞的现代流线感，在看似荒谬中发现有迹可循的趣味，同时，贯穿始终的手工金银箔材质、镀钛钢板、让本案不失应有的精致与奢华；软装配式上运用好莱坞剧场式海报，更与LOBBY 流水墙体一起"惹"动空间，生长出商业环境的话题感与流动性，创造设计者与业主间的双赢局面！

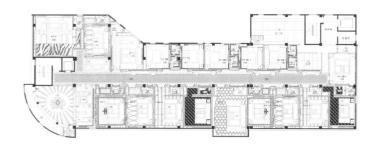

一层平面布置图

枫丹白露悦府今
Ningbo Dongqian Lake Fontainebleau YUE Club

设计单位：深圳市昊泽空间设计有限公司　设计师：韩松

项目地点：宁波

项目面积：600 平方米

本项目为高端艺术沙龙性质的私人小型会所，提供高端的私人接待及娱乐服务，小型的艺术沙龙展览及高端私人Party。从室内设计到软硬件配置上都提供了顶级、高端的设施及环境。整体空间采用现代英式的木墙板装饰风格，配合上英国HALO品牌的家私，以及当代艺术家的艺术作品和The Beatles的纪念物……厚重、粗犷中带着时尚。

一、强调生命感。我们希望会所在客人进入的第一步就象生命被激活一样，灯光由暗变亮、窗帘徐徐开启，让客人感受到最热情的欢迎。

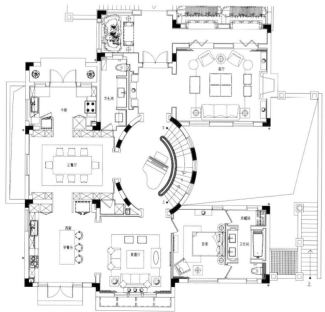

一层平面布置图

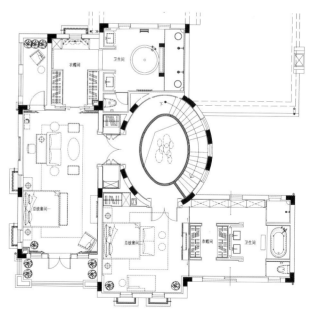

二层平面布置图

二、在硬件和智能化体系上追求英式的高品质传承。餐厨空间采用分离独立式中、西厨系统设计，各自配备不同的高端餐厨设备；各空间配备多种灯光场景模式和背景音乐系统；公共廊道通过感应式灯光控制系统；电视机隐藏控制系统；红酒、雪茄吧各自独立式窖藏区；卫生间、衣帽间指纹电动感应开启系统；卫浴产品选用特别订制的英国老牌洁具 Christo Lefroy Brooks 品牌彰显贵族风范。

三、强调文化感和艺术气质。由真正的高级管家提供接待服务，为客户讲解设计的细节，每件艺术品背后的故事；每款家具的历史；品尝地道的法国红酒；体验正宗的古巴雪茄。

四、就寝区设计了双主卧系统，并以枫丹、白露各自命题，展现完全不同的视觉效果和居住体验。

五、在软件服务上与柏悦酒店实现完美对接。如保洁服务、私人酒会、预约柏悦高级厨师到家中下厨，在地下室设计了专业的 SPA 空间，可预约柏悦 SPA 技师或瑜珈教练到家中提供专属服务。

北岸公馆
North Shore Mansion

设计师：方 内海 天

项目名称：北岸公馆

项目地点：宁波市江北区大剧院

项目面积：2400 平方米

针对宁波娱乐高端市场，以室内独栋别墅形式的建筑形态，彰显物业的稀缺和尊贵，以宁波最顶端的消费群体为目标，以管家式的个性化尊崇服务，轻易的拉开与同业的竞争关系。本案在设计手法上以建筑为母体，以室内营造室外建筑环境的手法，塑造出同类物业无法比拟的建筑形式与空间关系，以统一的造型语言完全区别于一般会所的浮华与张扬，以深沉内敛的气质贯穿内外，从而革命性的颠覆了娱乐所谓传统的模式。

本案在空间布局中通过点、线、面的合理应用，以建筑的大与小，前与后穿插关系，塑造出一个自由

生动的空间形式，使空间张弛有度，焕然一体。本作品在设计上不追求高档用材，设计仅仅围绕为主题服务的宗旨，选用能体现老公馆文化味道的青花瓷、仿旧木饰、木纹砂岩、老木地板等材质。

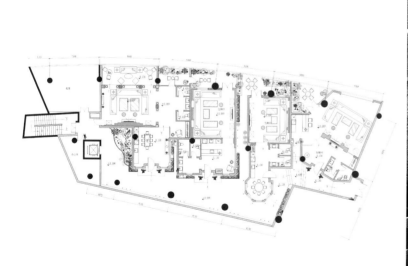

三层平面布置图

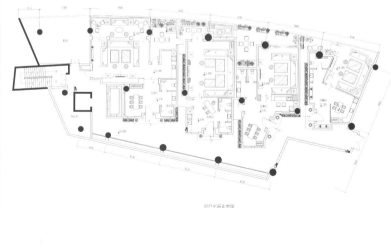

四层平面布置图

一汇所
A department of the
设计师：康铭华

项目名称：一汇所
项目地点：台湾台北县
项目面积：1200 平方米

本案在空间布局上虽然将空间划分为接待区、阅读区、交谊厅，却也提供了社区一个聚集学习的空间，例如：社区读书会或社区演讲等。

作品在环境风格上，典雅又不过分华丽，新古典使人有一种清爽的优雅感。局部挑高的空间设计，使人一踏入社区大厅，就有一种贵宾级的迎接感，有别于一般高度的开阔。

选材上，柚木原是沉稳、朴素的材质，但却与点缀的金色罗马柱头，大理石柱身巧妙的配搭，壁面的中段虽然同样用了线板的手法，却用了烤漆．大理石两种不同的材质交替运用，使空间充满层次感与变化。

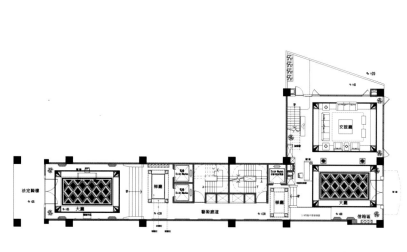

一层平面布置图

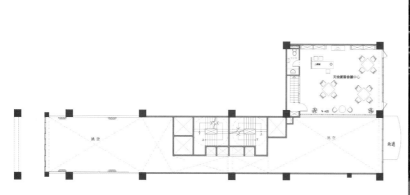

二层平面布置图

君临会高尔夫私人俱乐部
Dragon Golf private club
设计单位：黑龙江省佳木斯市豪思环境艺术顾问设计公司　设计师：张婷婷

项目名称：君临会高尔夫私人俱乐部
项目地点：重庆 渝北区湖影路 2 号 8 栋
项目面积：3300 平方米

与同类竞争性物业相比，作品独有的设计策划、市场定位。西南第一家高尔夫主题私人俱乐部，市场定位为高端私人主题性社交会所。与同类竞争性物业相比，作品在环境风格上的设计创新点，设计的精髓不在于醒目，而在于本质的表达，通过每一个细节，感受品质的存在。自然是这件作品在环境风格上设计创新点。

私密和融合是这次作品在空间布局上的设计创新点，在突出私人圈层社交的同时，我们也十分注重商业活动所需的开放与融合。

我们坚持认为不是每一件作品都一定会在设计选

材上进行创新，为了保持对历史的尊重我们使用了与作品风格相匹配木材作为这次设计的主体材质。

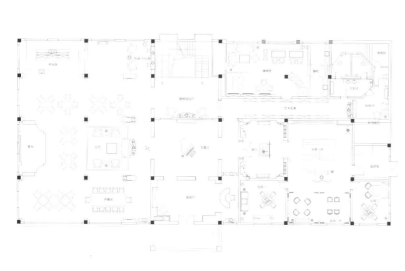

一层平面布置图

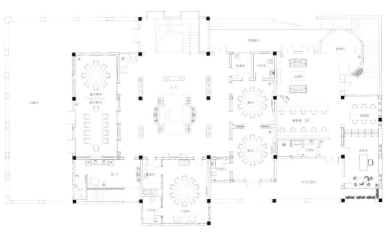

二层平面布置图

香港阿一美食会所
Hongkong a Food Club
设计师：梁一兴

项目地点：北京市朝阳区

项目面积：6000 平方米

主要材料：松木原木、甲骨文石材、老虎玉、
　　　　　紫山水石材、竹玉石材

项目引进了旧日香港的热闹色彩元素，以及与当代北京高端人群品味相契合的石材、松木等中式韵味十足的装饰材料，大胆运用了不同材质的几何拼接，呈现了多层次的视觉感受。中西元素的混搭，使得空间富有流畅的线条和跳跃的节奏，丰富的元素呈现令空间舒适而不沉闷。多元文化的混搭，是京城东部独具代表性的城市风格。

突破以往高端餐饮陈旧保守的环境风格，采用明亮舒适的调子，在不同的视觉节点上铺陈各异的色彩与线条。设计兼顾建筑的呼吸，设计的节奏，光影的变化，带给人创意的力量和美与舒适的感受。

项目投入运营后，得到业主及宾客的一致赞赏，称之为京城东部CBD核心区内一道亮丽的复古奢华风景线。

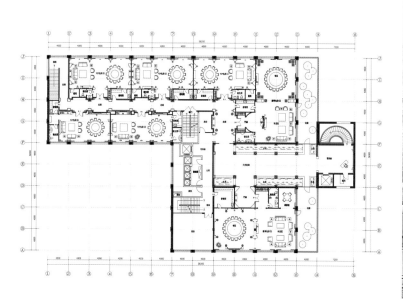

一层平面布置图

宝石树红酒会所
Gem tree Wine Club
设计单位：多维设计事务所   设计师：张晓莹

项目地点：四川成都

项目面积：600 平方米

本案是集葡萄酒文化、品酒、销售、接待功能为一体的综合性酒庄，因此要按严格的欧式风格设计，采用居中、对称、中心发散形式，大量运用场外加工固装墙板，呈现原汁原味的欧式酒庄。

在高端场所追求欧风的潮流下，设计师必须要面对的现实是：第一，欧式设计的出彩度有限；第二，欧式空间的设计往往只追求形，忽略轴线、动线设计的精髓和尺度的把握。

本案力图在有限的空间及层高的限制下，竭力寻找设计的本质性语言，而不仅着眼所谓欧式的符号，同时在地毯和地面设计方面做了相对混搭的反差对

比。在灯光方面，因为传统欧式建筑室内并无现代灯具，因此对反光槽这类设备尽量做了消解。

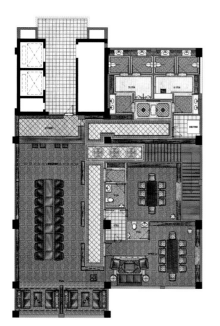

一层平面布置图

融科瀚棠会所
Raycom Han Tang Club
设计师：杨春蕾

项目地点：天津市滨海新区
项目面积：1200 平方米

会所位于滨海新区核心区域的融科瀚棠，坐拥泰丰公园前仅剩的唯一稀贵地源，具有不可复制性，并旨在建设开发区核心一英里的城市豪宅，繁华有度，静谧独得。

融科瀚棠项目在原有的人居及规划理念上进行了重大突破，将大量的人性化居住元素植入设计细节中，使建筑真正的对接生活。

同时，融科·瀚棠引进了京城四大俱乐部之———美洲俱乐部，对会所进行品牌运营和管理服务，也成为滨海首家引进高端国际会所运营商的私家会所。美洲俱乐部又称"美国会"，历史溯源于美国建国初期，

经百年拓展，禀承着"打造世界顶级私人俱乐部服务品牌"的宗旨，利用丰富的国际化管理经验，为来自世界各地的高端商务人士提供五星级会所空间和专属服务。

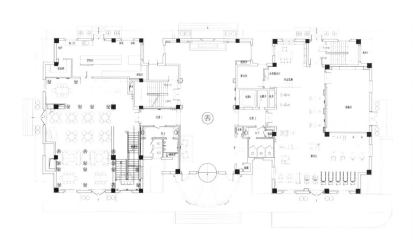

一层平面布置图

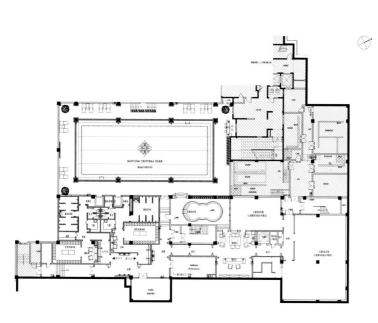

地下室平面布置图

波尔多酒行品鉴会所
Bordeaux wine tasting Club
设计单位：河南鼎合建筑装饰设计工程有限公司 设计师：孔仲讯

项目地点：河南郑州市

项目面积：300 平方米

以品签为主导的红酒会所，给客人提供舒适的社交场所。

怀旧的古堡风格，打破了以往以原木为主的展示方式，强调质感的对比，定制的酒柜给人华丽、高贵的感觉。

通过空间的收放，在小空间中营造出深邃的空间感，没有过度的展示红酒以突出会所的气质。

仿古洞石、黑色哑光漆、咖啡色石灰石都很有质感，同时在色彩上形成强烈的对比，很好地营造出了怀旧的氛围。

怀旧的古堡风格与法国老产区红酒庄的悠久历史相呼应，也有别于其他酒行千篇一律的风格，更吸引客户的到来，是体现客人品味的场所。

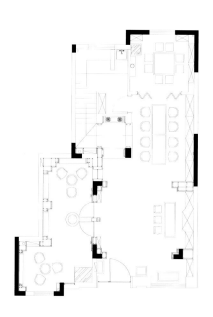

一层平面布置图

深圳港中旅聚豪高尔夫球会会所
Shenzhen CTS tycoon Golf Club
设计单位：J&A 姜峰室内设计公司　　设计师：袁晓云

项目地点：深圳市宝安区西乡九围

项目面积：14000 平方米

主要材料：仿古面天然石材、文化石、
　　　　　肌理涂料、仿古砖、铁艺

高尔夫是起源于苏格兰的一种古老尔高贵的运动，在生活节奏如此快速的城市生活中，我们希望能让人们回归传统，亲近自然，使人们在这里也能体验到纯正的苏格兰高地风格建筑及深厚的高尔夫文化。

室内我们使用典型的拱形造型，裸露的实木横梁，粗犷的毛石和格子布艺让我们仿佛置身与苏格兰乡村田园，远离城市喧哗，回归自然。空间处理手法传统而简练，注重主次，重点处使用彩釉玻璃，精致的铁艺雕花，体现贵族气息。再使用暖暖的壁炉，闪烁的吊灯，精致柔软的家具烘托氛围，让我们感受到苏格兰人腼腆的个性中隐藏的那份激情。

建筑上，本身就是传统的苏格兰式风格，其外观及内部格局讲究对称关系。我们也尊重原建筑结构及其文化，结合现代的功能需求且在空间布局上讲求中轴对称关系。例如全日餐厅设计巧妙的将中间餐台区四根立柱衍变为亭子，突出中心，注重对称感的同时使空间更具趣味性。

我们在这个项目上使用了一些在常规的现代的室内装饰上不常使用，传统且经典的材料，突出他们文化特性。例如粗犷的文化石，开放纹理的实木，通过材质的纹理多样性增加层次感，体现休闲自然气息。墙面上大量使用肌理涂料，环保性强效果出众，也节省造价，与我们的想法不谋而合，最终的效果也令人满意。

作品本身从建筑上就有极大的优势，非常壮观，室内装饰风格更是和建筑相得益彰，搭配的天衣无缝，业主非常满意。运营后，回馈意见也非常良好，功能布局合理，使用方便。同时也给客人非常震撼的感官感受，同时又在这温馨的环境中，感受宾至如归的服务。

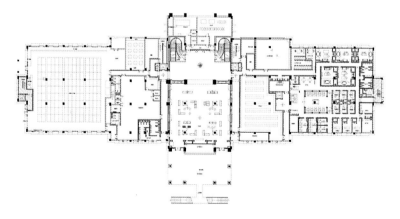

一层平面布置图

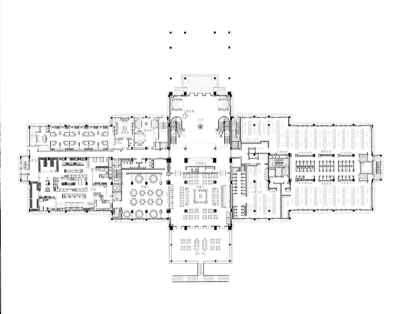

二层平面布置图

远洋天著森林会所售楼处
Ocean - day forest club sales offices

设计单位：北京万景绿洲室内设计有限公司　设计师：吴彬

项目地点：北京市大兴

项目面积：1500 平方米

主要材料：优丽奇、乐盛华达、科勒

"天著"顾名思义是天的著作，而天的著作无疑便是圣经故事，代表着人类与天的对话。在整个设计中我们贯穿着这一主题。

大堂空间中吊顶采用哥特式的风格，圆形的天窗充分的引进自然光线，与地面八边形的轮廓呼应，展现出"天圆地方"这一圣经中的理念。

墙面帷幕肆意的挥洒下来，这种设计烘托出一种戏剧化的氛围，拉开帷幕便拉近了人类与天的沟通距离，创造出身置神界的感觉。

艺术品中选用了以圣经故事为题材的油画来突出

主题。而在大堂吧的空间中我们又以书吧这一主题来体现"著"，体现一种文化底蕴，给人以书香满溢的艺术气息。哥特式神秘气息洋溢。

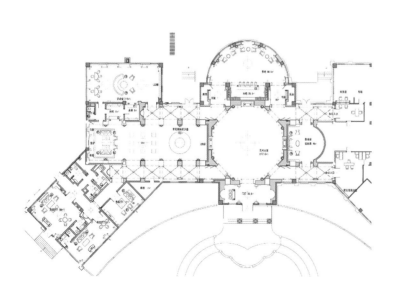

一层平面布置图

大连亿达天琴山会所
Dalian billion lyran Mountain Club
设计单位：　　　　设计　　事务所　　设计师：崔春洗

项目地点：大连市

项目面积：1368.99 平方米

主要材料：阿姆斯壮、合玺木业

亿达天琴山由亿达圣元房地产开发有限公司开发的城央山居项目。市中心、山峦、隽永、清澈是其关键词。

亿达天琴山会所同时承载了售楼处与会所双重功能与期待，该会所为城中央难得一处歇山僻静之所。

Art deco 与新古典主义结合出俊丽严谨优雅的气质，紧凑有限的方寸打造出意料之外的宏伟气势。

　　无数遍推敲的准确比例，创造性的大胆改变共同打造了一个视觉超越实际的空间，一个犹如罗马万神庙般的穹顶俯视下的环形空间。空间感在这里通过结合了 Art deco 的新古典手法得以诠释。

　　得益于充分的沟通和前期的介入，建筑结构结合了室内设计的诉求，中央围合结构墙上托起宏伟穹顶，上下贯穿，气势磅礴，纵向囊括地下健身，一层展示，二层歇息。左右均衡，横向涵盖办公，大堂，洽谈。前后贯通，搭建出繁忙与舒适的交接。

　　用材考量，色彩与质感和谐编制着一个优雅，隽秀的气质。单纯，精炼的材质选择，黑白灰石材构造出分明的层次和动人的图案。

　　步入其间，犹如尊享的庄园官邸。

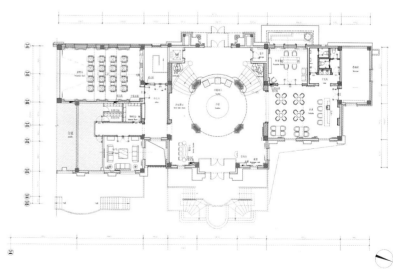

一层平面布置图

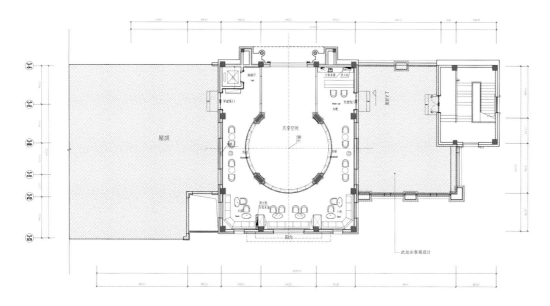

二层平面布置图

北京雁栖湖高尔夫球会所
Beijing Yanqi Lake Golf Club
设计单位：北京中美圣拓建筑工程设计有限公司　设计师：苗正清

项目地点：北京怀柔

项目面积：13000 平方米

"遇、品、憩、聚"是整个会所要表达的一种休闲生活方式，用温和舒适又不失沉稳大气的米色与隐约又富有动感的深棕色作为主体色调；用温暖又快乐的橙黄色作为背景色，给人以华丽舒适的印象，让人仿佛置身于阳光下；用睿智的蓝色与热情的红色作为点缀色，给人以尊贵的感受。

我们的主题风格 fashion classical. 在古典的环境中加入时尚的颜色，让永恒的元素、符号达到一种内敛而不夸张的奢华。

较大体量设计 为满足业主奢华的需求 空间做了加大处理。

精致的石材拼接、精美的手工壁纸、时尚的皮革饰面、华丽的水晶制品以及各种纹理材质的搭配。

让人们除了感受到室外山光、水色、球道、果岭的高尔夫情怀之余更能享受到自由舒适高贵的度假体验。

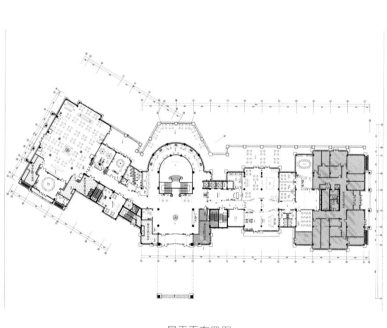

一层平面布置图

大院会所
Compound Club

设计单位：睿智匯设计公司　　设计师：王俊钦

项目地点：内蒙古包头市

项目面积：2400 平方米

主要材料：不锈钢、石材、木皮、皮革

大院会所面积 2400 平方米，坐落于内蒙古包头市，包头是一座典型的移民城市，从而造就了文化上的丰富多彩，"包头"一词源于蒙古语包克图，蒙古语意为"有鹿的地方"所以又叫"鹿城"，除了"鹿"的元素，设计师还将包头市的市花——小丽花凝练出来绽放于本案当中，成为了空间中的一大亮点。工字钢行业作为包头市经济发展的中坚力量也同样被设计师捕捉进来，创造工字钢新鲜的生命力，勾勒出今天我们所看到的带有隐喻手法的元素。

大院会所共由大厅、穿堂、红酒吧、过道、副厅、健身房、泳区及五个贵宾室组成，其中大厅、穿堂、

红酒吧和过道各自独立成景而又景景相透。进入大厅，极具特色的顶面造型吸引着我们的目光，而对于当地的人们来看，它的魅力不仅在于夸张的造型，更是一份共鸣、一份情感，因为它是工字钢的元素表现，设计师希望让前来到访的有缘人寻获到心灵休憩与交融的空间。

材料采用木质构架，喷涂香槟木质漆打造而成，同时，两条环形灯池分布内外，暗藏LED灯带，期间分布些许LED射灯，光线穿梭于空隙，就像工字钢行业的金辉，引人入胜。地面应和顶面同样采用圆形演绎，运用大理石拼花制作，图案采用鹿角图腾拼接而成，与顶面相得益彰。穿堂区域是本案设计的中心，人们通过穿堂始向进入其他区域。门洞的设计选用了镂空窗格呈现，取中式窗花图案配合小丽花元素，材料并非采用木材，而是选用了铁艺打造而成，外喷涂香槟金铁艺漆，格调颇显高贵和独特，地面同样是鹿角元素的大理石拼花结构。正中央的区域是本案的点睛之笔，设计师将一处水景驻立于此，水从顶面一泻而下聚集于池中，水的效果利用光影呈现，光影效果使用LED灯光、光纤、水晶灯配合完成。此处通过灯光的亮度增大，周围的灯光调暗之手法，确保了隐私及焦点端景的体现。

通过穿堂进入红酒吧区，墙面采用工字钢元素打造，用于红酒的展示作用。五个包厢又分别演绎不同的风格属性，空间独立私密，必要时又可以相互关联，动线考究配置灵活。每间VIP房内均有独立的会客区、用餐区、配餐间及分区式洗手间，其中三间包房内还设置有KTV娱乐互动区、舞蹈区域及会谈品茶室等。

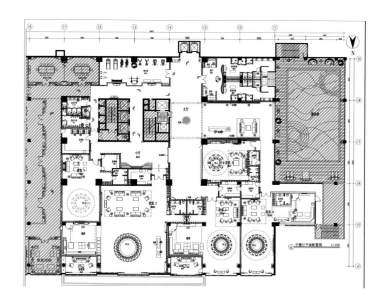

一层平面布置图

佰色会所
BASE Club

设计单位：杭州意内雅建筑装饰设计有限公司　　设计师：朱晓鸣

项目名称：杭州佰色 A·BASE 陈设 & 沙龙

项目地点：浙江省杭州市

项目面积：1800 平方米

主要材料：回购老木板、橡木、自流坪、
　　　　　松木碳化板、意大利手工砖、
　　　　　雪花白大理石、高密度板

此场所为一个集家居陈设产品展示、设计师交流聚会的多功能场所，结合来访群体特质，舍弃常规的"会所"、"样板房"等繁杂或较为仪式感的装饰堆砌，换以一种轻松平和、极简但富含包容性空间气息表现。在对外公开的家具与陈设饰品展示空间，为凸显产品的即有的独立形态又有系列组合的多样性，色彩上采用大面积纯粹的白色作为环境色；空间中采用阵列"BOX"分区展示，合理将产品进行了划分归类。二层的接待空间从独立的静谧的"设计师通道"进入，借以转换来访者的情绪，沙龙区域中则以富含肌理的不同材质组合，在米灰的主色中配以恰当的跳跃色彩

的陈设产品随意布设，不定期地表达愉悦、温暖、感性的沙龙区域氛围。

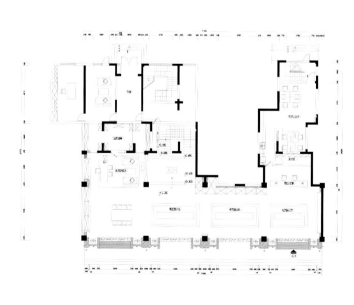

一层平面布置图

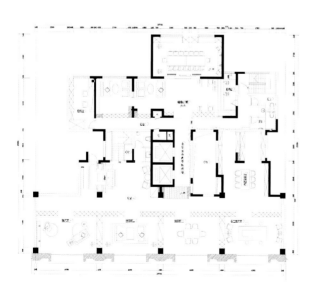

二层平面布置图

杭州湘湖壹号会所
Hangzhou Xianghu No. 1 Club
设计单位：IVAN C. DESIGN LIMITED　设计师：郑仕樑

项目地点：浙江省杭州市

项目面积：7000 平方米

湘湖壹号会所定位于五星级酒店高级豪华会所。设计师大胆运用新古典手法，追求古典与现代美学之间的平衡，散发着一种美和文化气息，营造出无限的艺术空间。

会所的设计令客人感受到尊贵典雅、品味艺术以及时尚现代。在色彩运用方面，以金黑米色为主色调，并以黑白相衬，烘托出强烈的艺术光感。

会所共三层，首层包含大堂，中餐厅，等；二层包含中餐 VIP 包厢，棋牌室，SPA 等；及地下一层的游泳池、健身房，男女更衣室，瑜伽房，酒窖，品酒区，雪茄吧等。

其中，尤以大堂、中餐厅和地下游泳池、酒窖极富特色。大堂拥有双层挑空层，层高达 10 米，伫立其间，让人感受到空旷、伟岸以及古典与现代的碰撞；中餐厅共分为两层，主厅及贵宾房设在一层，自助贵宾房与多功能厅设在二层，处处以浓厚的现代气息体现中国的传统文化元素；游泳池位于会所地下一层的康乐中心，蓝天白云的天花设计与池底深浅渐变的蓝色马赛克呼应成趣，拼成一幅优美的画卷，透射的阳光将整个池面折射出一个水波荡漾的动态画面，自然充足的采光效果，犹如回归英国的罗马池，令人舒畅惬意；600 余平方米的地下酒窖，存储空间在同等项目中是极为罕见的。

在选材上，大量使用帝皇金、贝金沙大理石铺设地面，并辅以青中玉，凡尔赛金等名贵石材，以黑檀木作壁饰。其中清玻璃、磨沙玻璃与马赛克光影交错，熠熠生辉，形成强烈的视觉冲击；在艺术品上，运用水晶、蓝色陶瓷配铜，彰显高贵、典雅、浪漫的法式风情。并以花卉艺术突出主题，以中国红色系为基调，黄绿色穿插互补，从传统绘画到现代装置，东西方文化在这里交融。梦幻迷离的水晶艺术，在灯光的映射下璀璨夺目；自然清新的花卉艺术，在阳光的映衬下鸟语花香，享受奢华的同时又能感受大自然的亲近和悠然。

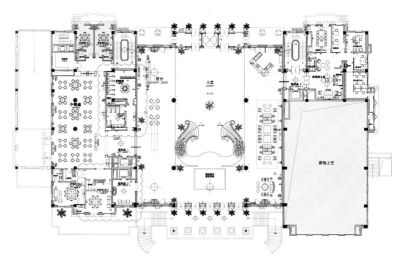

一层平面布置图

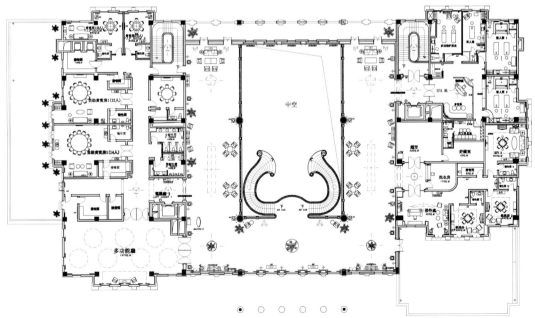

一层平面布置图

华侨城—巾帼会所
Women's Club, OCT

设计单位：深圳市绽放品牌设计顾问有限公司　　设计师：李宝龙

项目地点：广东深圳市

项目面积：1200 平方米

主要材料：镜面钢、孔雀蓝、黑钛、大理石、
壁纸、环保漆

现代都市女性追求的是一种自信、自我、追求高品质的生活状态，以时尚、新鲜及私密为主题而打造的巾帼会所将女人的时尚优雅表现得淋漓尽致。整个项目是由建筑外立面设计延伸到整个内部空间的设计，着力打造一个集温暖与奢华一体的形象，创造一种氛围，一种带有时尚气息的前沿女性新品位、新格调、新艺术气质。

内部空间大致分为 4 个区域：入口大堂，内部多功能大厅，品酒房、玫瑰厅、女人房，和一个大尺度的 VIP 聚餐厅。并且每个房间都设定了不同的基调。

入口大堂

以白色为基调，大空间足够的挑高层，流线型桃红内核天花体量，欧式极致白色亮光漆背板，柠黄宽门套。于此处，闭眼冥想，空旷简单的设计仿佛将人们带入一个与世隔绝的自由空间，与外界的喧嚣截然相反的世界。镶嵌大水晶吊灯，简约式的风格与桃红不规则式软座完美结合。桃红与柠黄的撞色跳跃式的表达私密空间。

多功能厅

小型沙龙聚会的场地。黑钛镜面的天花、暗色复古系的设计感，此时，若能伴着悠扬的留声机，就更有恍如隔世的感觉。优美蓝孔雀气质的墙体，似金色似古铜色，如此色调的选择当然也是为了配合这个多功能厅的一种雍容华贵的气质张扬中又带着沉稳。再配置陈列整齐的红酒、女性气质的卡座，无疑是增添了更多的装饰效果和辅助功能，想象一下，淡雅地坐在这样一张卡座上，优雅地品着红酒，女性朋友彼此之间温文地交谈，何尝不是一种享受？多功能厅蕴涵了新东方空间的华丽感，让置身其中的客人尽显尊贵气质。

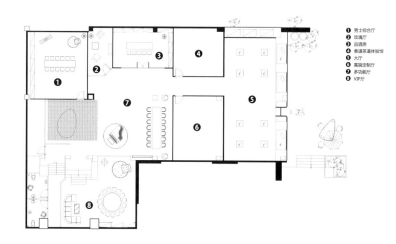

① 男士综合厅
② 玫瑰厅
③ 品酒房
④ 香道茶道体验馆
⑤ 大厅
⑥ 高端定制厅
⑦ 多功能厅
⑧ VIP厅

一层平面布置图

时尚至尊体验

　　墙体的大块面天鹅绒蓝色帷幔，包围着整个空间，大面积地使用华丽清新的蓝色色调使得整个空间显得安静，反而让整个氛围又明亮轻快了起来，静中带动，动中有静，相得益彰。简欧风格的吊灯配合这样高雅的氛围，自然是极好的。营造出一种非常独特、高贵、优雅的就餐氛围。餐厅边上放置着咖啡色皮质沙发，黄色茶几同顶上柠檬黄水晶灯色调一致，不突兀，也与整个基调不违和。就餐完便可于此小憩畅谈一番。窗外稀疏斑驳的树木像是天然墙纸，更多了些许自然的气息。走进这样一种被各种儒雅气质包围下的空间，身心也会变得灵动起来。

紫轩餐饮会所
Nanjing Zixuan Dining Club

设计单位：江苏省海岳酒店设计顾问有限公司　　设计师：姜湘岳

项目地点：南京市紫峰大厦

项目面积：1550 平方米

主要材料：黑高光木饰面、丹麦灰镜、
　　　　　丝光布、意大利黑金花石材等

紫轩会所，位于江苏第一高楼————紫峰大厦 4 层，定位于南京餐饮业奇葩、绿地广场的美食地标，倾情服务精英人士。

基于这一定位理念，所以从设计之初我们就抛开了非中即欧的传统思想，而是采取了一种融合现代主义和新古典主义风格的设计创想，力求让人们沉浸在优雅的文化氛围中亦能品味到现代时尚气息，即古典式现代美学之设计理念。

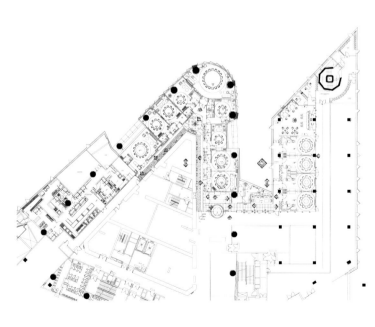

一层平面布置图

含蓄的力量
IMPLICATIVE FORCE

设计单位：新加坡 V.特锐建设集团　　设计师：宋国梁

案例名称：宁波聚卿舫私人会所

项目地点：宁波市永丰路18号

项目面积：500平方米

主要材料：木皮、墙纸、铜工艺饰面层、
　　　　　大理石

当一个人告别了年少时的莽撞、轻狂，成长为一位彬彬有礼，举手投足透着从容的绅士，收起锋芒后所散发出来的深沉、内敛的气质往往是最具有感染力。

聚卿舫，这个名字听起来就有着优雅韵味的私人餐厅会所，就如同一位有着良好素养的绅士矗立在滔滔江畔，青葱深处……它的前身为私人宅院，有着久远的历史人文。这幢三层小楼曾几经修葺改造，如今的聚卿舫正焕发着另一种新的光彩与成熟气质，成为社会精英名流私密聚餐的理想场所。

为了塑造会所特有的韵味和人文特色，本案设计

师尝试了较多新的设计理念、新的装饰材料，并为空间做了视觉整体传达设计。

青砖铺满院落、围墙为青瓦和现代材料结合、建筑外立面也糅合现代装置设计手法，深厚而不失灵动，让传统当代化设计更符合现代审美观；徜徉会所内部，厚重沉稳的调子、雅致的气质，隐含着男人力度，强烈的当代感中透着一丝淡淡的怀旧情怀。

设计师对空间的每个转折都做了精彩的设计，从玄关入口的挑空营造到三楼的观景平台无不进行了精雕细琢，地面墙面的大理石被分割切碎再打磨镶嵌；纯手工工艺墙纸、环保天然墙布的搭配；做旧的铜质饰面、金属天花吊顶都经过了特制工艺，细节是品质的体现，细节的设计也决定了空间的品味。

如果用厚度、涵养、雅量、修为等内在的气质来褒扬一个人的魅力，相信人如此，物亦如此，含蓄的内在气度一样能感染每一个与之"交谈"的人。

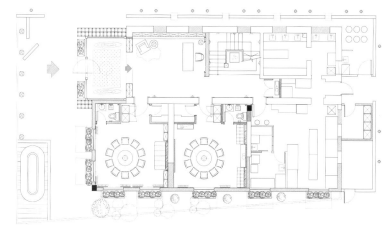

一层平面布置图

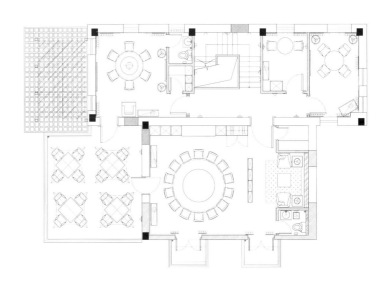

三层平面布置图

枫丹白露悦府会

Fontainebleau yue fu will

设计单位：深圳市昊泽空间设计有限公司　设计师：

项目地点：宁波

项目面积：600 平方米

主要材料：塞维亚米黄、碳化木、雪茄牛皮

本项目为高端艺术沙龙性质的私人小型会所，提供高端的私人接待及娱乐服务，小型的艺术沙龙展览及高端私人 Party。从室内设计到软硬件配置上都提供了顶级、高端的设施及环境。整体空间采用现代英式的木墙板装饰风格，配合上英国 HALO 品牌的家私，以及当代艺术家的艺术作品和 The Beatles 的纪念物……厚重、粗犷中带着一抹雅皮和时尚。

一、强调生命感。我们希望会所在客人进入的第一步就象生命被激活一样，灯光由暗变亮、窗帘徐徐开启，让客人感受到最热情的欢迎。

二、在硬件和智能化体系上追求英式的高品质传承。餐厨空间采用分离独立式中、西厨系统设计，各自配备不同的高端餐厨设备；各空间配备多种灯光场景模式和背景音乐系统；公共廊道通过感应式灯光控制系统；电视机隐藏控制系统；红酒、雪茄吧各自独立式窖藏区；卫生间、衣帽间指纹电动感应开启系统；卫浴产品选用特别订制的英国老牌洁具 Christo Lefroy Brooks 品牌彰显贵族风范。

三、强调文化感和艺术气质。由真正的高级管家提供接待服务，为客户讲解设计的细节，每件艺术品背后的故事；每款家具的历史；品尝地道的法国红酒；体验正宗的古巴雪茄。

四、就寝区设计了双主卧系统，并以枫丹、白露各自命题，展现完全不同的视觉效果和居住体验。

五、在软件服务上与柏悦酒店实现完美对接。如保洁服务、私人酒会、预约柏悦高级厨师到家中下厨，在地下室设计了专业的 SPA 空间，可预约柏悦 SPA 技师或瑜珈教练到家中提供专属服务。

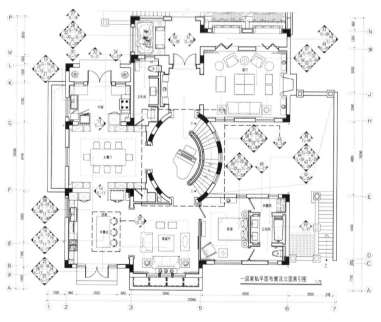

一层平面布置图

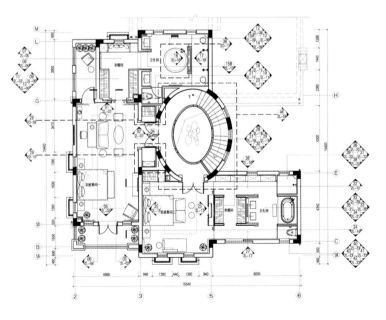

二层平面布置图

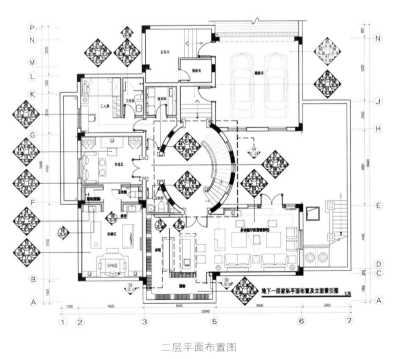

二层平面布置图

九国套房
Nine Suites

项目提供：HBA/Hirsch Bedner Associates

项目地点：上海外滩
项目面积：12000 平方米

和平饭店位于上海外滩，建筑为装饰艺术（Art Deco）风格，改造后将成为 21 世纪地标性的国际豪华酒店。

全球领先的酒店设计顾问公司 HBA/Hirsch Bedner Associates 负责上海和平饭店改造工程的设计，现进入最后的设计阶段。改造后的和平饭店将是一家由费尔蒙 (Fairmont) 酒店集团管理的超豪华酒店。世界各地的旅游者正翘首企盼这座上海标志性建筑于 2010 年重新开业的那一天。届时，这个亚洲地标将获得新生。

老和平饭店是 1920 年代和 1930 年代上海这个"东方明珠"鼎盛时期的标志。当时这座中国最好的酒店

号称是"人生极致奢华之地"，曾接待过众多贵客，其中包括喜剧大师查理·卓别林和剧作家诺埃尔·科华德。

HBA 正与和平饭店的业主锦江国际酒店集团，以及未来的管理方费尔蒙酒店集团密切合作。与此同时， 上海建筑设计院、建筑咨询公司 Allied Architects International 以及照明专家 BPI 等机构对和平饭店的修缮工程给予了专业的咨询。

名副其实的上海地标

HBA 总监 Ian Carr 表示："一个多世纪以来和平饭店一直是上海的标志性建筑。她是中国乃至亚洲最有名的饭店。 我们力争重现这座亚洲标志性建筑的辉煌和典雅，使之再次雄居世界顶级酒店之列。"

HBA 在上海和新加坡有一支 14 人的设计团队参与和平饭店修缮工程，负责该团队的是 Ian Carr 和 Connie Puar 两位总监。自 2007 年 4 月酒店停止营业以来，HBA 已经对该历史建筑的结构进行了细致的研究，以确定酒店最初的平面布局和设计风格。"我们将尽量保持建筑结构的原状，" Carr 说。

典雅新时代

修缮后由费尔蒙管理的和平饭店将为造访上海的高端游客提供极致典雅和舒适的服务。酒店重新装修后，将比肩费尔蒙旗下 The Savoy London 及 Fairmont San Francisco 等举世瞩目的经典豪华酒店。

新和平饭店约有 256 间豪华客房和套房。酒店将精心设置五个餐厅和酒吧，包括位于底楼的让人倍感亲切的爵士酒吧、咖啡厅和大堂吧，位于夹层的寿司吧和美酒雪茄吧，八楼的经典中餐厅和著名的和平扒房。

和平厅也在八楼，那里的舞厅安装着著名的弹簧跳舞木地板，还附设几个会议室以及一个宽阔的室外阳台。酒店后部一座新增的低层建筑将设部分客房，还有一个露天游泳池和水疗房。

著名的"九国特色套房"仍将是新饭店的一大特色：其中四个（印度、英国、中国和美国套房）将保持原貌，而法国、意大利、西班牙、日本和德国套房将在遵循最初理念的前提下进行重新设计。

总统套房位于顶层十楼，这里曾是和平饭店的显赫张扬的缔造者和旧主人维克多·沙逊曾经居住的地方。

设计细节

HBA 的和平饭店设计方案会将再现上海著名的装饰艺术传统，辅以流线型的陈设和最现代的室内设备。"这将是典型的 HBA 特点：奢华、现代、又让人倍感亲切；一切浑然天成，为和平饭店这一历史建筑量身定制，"HBA 总监 Connie Puar 这样说。

底楼原来设计的是豪华拱廊商场，现在将恢复原先的古典十字形楼面设计，在宾馆四面均设有旋转门。

当年绚烂的八边形玻璃天窗和整个夹层，几十年来一直用石膏板覆盖着，将重见天日。装饰有石子马赛克图案的地板，将呼应原来的装饰艺术风格的瓷砖。

一种柔和的"淡黄泛蓝灰"的色彩方案将使酒店原先精致的上楣柱和天花板增色不少。重新磨光的铜制扶手和轻盈栏杆，由于附加了古铜和抛光的镍而颇具韵味。灰色纹理的大理石四周用瑰丽的法国圣劳芝深黑大理石镶拼，还用核桃木进行装饰，再现了1930年代装饰艺术盛行时的风格……各种细节无不真实再现了当年的风貌。

在后台，很多隐藏不露的创新设施将增加客人入住时的现代舒适体验。包括通风、抽水和暖气设备在内的一整套机械和电力系统将按照五星酒店的要求，进行彻底改造并隐藏起来。

随着对这座享誉亚洲的酒店进行修缮工作的日益深入，全世界的豪华旅行者都热切关注着工程进度。"无论是想在这极致奢华的环境里下榻安睡，或者只是想步入底楼的大堂并体验一下老上海的感觉——每一个到上海的游客都会把日后由费尔蒙管理的新和平饭店列入必看项目，"HBA总监 Ian Carr 表示。

广州国会会所
GuoHui Clubhouse, Guangzhou
设计师：徐岭啸、刘忠保

项目地点：广东广州市

项目面积：7321 平方米

坐落于广州中心商务区国会会所（豪华会所）在过去的十年被公认为是广州最主流的私人会所之一。设计之初，ANS 的室内团队就把这个会所定位为广州独一无二的顶尖会所。

具有突破性的平面布局：大部分房间配有奢华洗手间和 DVD 放映厅；另一些房间有独立的吧台、餐桌和表演舞台。ANS 室内团队本项目的设计达到低调优雅的 6 星级酒店标准，拥有尖端技术含量的视听设备结合智能 LED 灯光渲染着不同的室内氛围。35 个专属 VIP 套房诠释了 5 种设计风格，从欧洲古典到现代风格，并且融合了亚洲的设计元素。ANS 室内设计团队为国内会所的设计提出了新的解决方案，我们坚信，营造轻松愉快的社交氛围才是设计的永恒。

一层平面布置图

万濠华府
Wan Hao Hua Fu

设计单位：KW达观建筑装饰设计事务所　设计师：凌子达

项目地点：江苏南通

项目面积：3800 平方米

主要材料：咖啡洞石、闪电米黄、黑金砂、
　　　　　灰木纹、黑檀木

本案为住宅项目里的一个会所，会所将来保留给
住宅业主使用，是一有多功能用途的会所。

设计风格为简约的古典主义，运用大量的咖啡洞
石，闪电米黄与黑檀木企图塑造出一种奢华感。在立
面设计商大量并重复地运用了"八角型"的形式，带
上了 ArtDeco 风格。

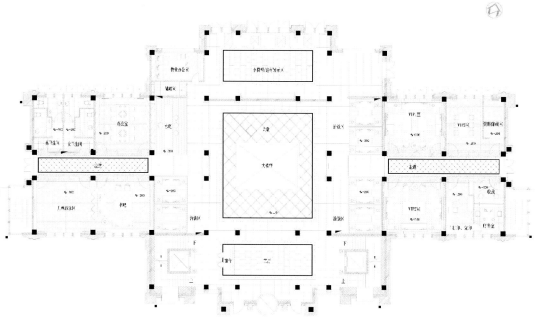

一层平面布置图

镇江九鼎国际温泉会所
Zhenjiang Jiuding International Hot Spring Club

设计单位：无锡观点设计　　设计师：孙传进、胡强

项目地点：镇江

项目面积：4250 平方米

主要材料：银白龙、中花白、帝黄金、
　　　　　镜面不锈钢、皮革

本案创造自然、健康、品质的休闲娱乐环境，以当地的地域人文景观作为印象的概念，印象主义最明显的特点力图客观地描绘视觉现实中的瞬息片刻，通过对人文景观以视觉文化形态的展示，让人们对当地有更加直观的了解，让现代都市人在日常生活和工作及周边环境的影响中，回归自然，消除疲劳，舒缓身心。

镇江九鼎国际温泉会所曾荣获中国室内设计学会奖商业工程类铜奖；镇江九鼎国际温泉会所获得中国建筑与室内设计师网金堂奖年度优秀休闲空间设计。

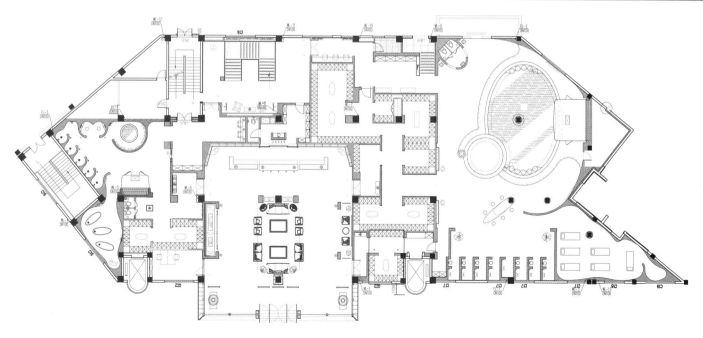

一层平面布置图

编委会成员名单

主　编：贾　刚

编写成员：贾　刚　蔡进盛　陈大为　陈　刚　陈向明　陈治强
　　　　　董世雄　冯振勇　朱统菁　桂　州　何思玮　贺　鹏
　　　　　胡秦玮　王　琳　郭　婧　刘　君　贾　濛　李通宇
　　　　　姚美慧　李晓娟　刘　丹　张　欣　钱　瑾　翟继祥
　　　　　王与娟　李艳君　温国兴　曾　勇　黄京娜　罗国华
　　　　　夏　茜　张　敏　滕德会　周英桂　李伟进　梁怡婷

丛书策划：金堂奖出版中心
特别鸣谢：金堂奖组织委员会

中国林业出版社建筑分社

责任编辑：纪亮 李丝丝
联系电话：010-83143518
出版：中国林业出版社
本册定价：199.00 元（全四册定价：796.00 元）

欧式餐厅　欧式酒店　欧式休闲　欧式会所

鸣谢
因稿件繁多内容多样，书中部分作品无法及时联系到作者，请作者通过编辑部与主编联系获取样书，并在此表示感谢。